DE L'INFLUENCE

EXERCÉE

PAR L'ATMOSPHÈRE

SUR LA VÉGÉTATION

PAR

M. J. A. BARRAL

MEMBRE DU CONSEIL D'ADMINISTRATION DE LA SOCIÉTÉ CHIMIQUE

LEÇON PROFESSÉE A LA SOCIÉTÉ CHIMIQUE DE PARIS

LE 4 MAI 1860

DE L'INFLUENCE

EXERCÉE

PAR L'ATMOSPHÈRE

SUR LA VÉGÉTATION

PAR

M. J. A. BARRAL

MEMBRE DU CONSEIL D'ADMINISTRATION DE LA SOCIÉTÉ CHIMIQUE

———

LEÇON PROFESSÉE A LA SOCIÉTÉ CHIMIQUE DE PARIS

LE 4 MAI 1860

1861

1

C.

MESSIEURS,

Le sujet que je vais oser aborder devant vous a préoccupé depuis trois quarts de siècle les plus grands esprits, les savants les plus illustres. Grâce aux travaux les plus ingénieux et en même temps les plus persévérants, un solide édifice a été construit sur des assises lentement apportées d'abord et laborieusement discutées; plus tard se sont dessinées les vastes proportions du monument, les colonnes se sont dressées, les entablements ont été posés. Il ne reste qu'à mesurer et à achever quelques parties avec le soin qui a été mis par nos maîtres à ne placer une pierre qu'après les débats les plus approfondis sur la précision de sa forme et la probabilité de l'éternité de sa durée.

Je ne suis qu'un humble ouvrier entre tant d'habiles et puissants architectes qui ont concouru à fonder le temple de la science; je n'ai fait que bien peu pour ajouter aux vérités qui s'y abritent, mais telle est la libéralité de nos institutions scientifiques modernes, que le peu est compté à chacun et lui vaut des encouragements qui font oublier les difficultés de la lutte. Avec la persévérance continue dans le travail, on finit toujours par trouver appui auprès des maîtres. Permettez-moi donc de consigner ici un témoignage de vive reconnaissance pour MM. Arago, Boussingault et de Gasparin, dont les encouragements et la bienveillance m'ont soutenu de telle sorte, que je puis affirmer devant les plus jeunes d'entre vous qu'un homme, même sans fortune et sans place, est sûr de voir reconnaître un jour son mérite, s'il en a. Il peut ambitionner cette haute récompense de parler à son tour devant une assemblée composée de savants éminents, après des hommes dont les découvertes ont imprimé leur trace dans l'histoire du siècle le plus fécond en découvertes immenses. Quant à moi, je n'affronte un tel auditoire qu'avec une vive émotion et une reconnaissance bien sentie tant pour la Société chimique, dont les suffrages me valent l'honneur de vous entretenir aujourd'hui des travaux qui m'ont occupé durant plus de dix ans, que pour son illustre président, qui devait prendre la parole dans cette même séance pour rendre ma tâche plus facile, en ajoutant des renseignements historiques à ceux que j'ai réunis sur l'origine et les progrès de la statique chimique des êtres organisés. Malheureusement, au lieu de la voix éloquente de M. Dumas, vous n'entendrez que la lecture de l'extrait d'une lettre que notre Maître m'envoie à l'instant, pour m'annoncer qu'une indisposition subite le retient éloigné de cette enceinte.

« Je compte sur vous, m'écrit M. Dumas, pour me servir d'interprète auprès de votre auditoire si sympathique et si éclairé. Je suis vivement chagriné de ne

pouvoir vous entendre et de ne pouvoir payer une
dette dont je voulais m'acquitter envers deux grands
génies. Je voulais communiquer à votre auditoire quelques pièces relatives à la découverte des grands principes de la statique chimique et montrer à quel haut
degré de divination étaient parvenus sur ces grands
objets Leblanc et Lavoisier. C'est une véritable peine
pour moi que d'être forcé de renoncer à ce qui m'était
un bonheur. »

. Hélas ! Messieurs, je serais tout à fait insuffisant .
pour improviser en termes dignes de tels hommes
l'hommage qui eût été rendu à Leblanc et à Lavoisier par la voix si pleine d'autorité du grand
savant qui regrette de ne pas se trouver au milieu de
nous en ce moment. Aussi je ne l'essayerai pas, et je
devrai me borner à dire que l'absence de M. Dumas
me cause une double peine, car je me trouve tout à
coup privé de l'honneur de rappeler devant lui quel-
ques-unes des grandes idées dont il a enrichi la science
de la connaissance de la vie des végétaux ; en outre, j'au-
rai besoin de beaucoup d'indulgence, car j'avais compté
sur la parole éloquente et le profond savoir de notre
illustre président, pour une partie de l'histoire du sujet
qui doit m'occuper.

Les plantes comme les animaux vivent au fond de
ce que l'on a justement appelé l'océan aérien. L'atmosphère, cette enveloppe vaporeuse, immense, qui entoure la Terre de toutes parts, agit sur la végétation et
par sa constitution physique et par sa nature chimique. Elle fournit aux plantes, soit directement, soit
indirectement, par les éléments dont elle est composée,
une grande partie de leur nourriture ; elle pèse de son
poids sur les organes des végétaux ; elle leur pro-
digue comme des bains fortifiants en se renouvelant

sans cesse autour de leurs tiges et de leurs branches ;
elle les infléchit par ses mouvements tantôt si lents et
si doux, tantôt si tumultueux et si terribles ; elle les
couvre comme d'un manteau pour leur conserver la
chaleur vivifiante que leur envoie le Soleil ; elle tamise
la lumière qui préside à l'accomplissement des princi-
pales phases de leur vie. Les propriétés physiques de
l'atmosphère ne sont donc pas moins importantes que
les propriétés chimiques pour la physiologie végétale et pour l'agriculture. Cependant, l'atmosphère n'est
encore que peu connue au point de vue physique, et
on peut dire qu'elle a été beaucoup moins sondée dans
tous les sens que la mer, à laquelle je viens de l'assi-
miler.

Dans sa célèbre leçon sur la statique chimique des
êtres organisés, M. Dumas a donné cette expression pit-
toresque du poids total de l'atmosphère : « L'air qui
nous entoure pèse autant que 581,000 cubes de cuivre
d'un kilomètre de côté. » Ce chiffre fait comprendre la
grandeur de la masse atmosphérique et fait concevoir
combien elle peut contenir de matières utiles à tous
les êtres qui vivent sous son abri. En vertu de l'élasticité de l'air et du principe de la transmission de
pression en tous sens dans les fluides, cette énorme
masse gazeuse n'écrase pas les objets même les plus
délicats, qui n'en ressentent le poids que lorsque les
vents l'agitent. D'ailleurs, au niveau moyen des mers,
la pression de l'atmosphère n'équivaut, par centimètre
carré de surface, qu'à un poids d'un peu plus d'un
kilogramme. A mesure qu'on s'élève sur les cimes des
montagnes ou dans un aérostat, cette pression diminue.
C'est que l'atmosphère est d'autant plus dense qu'elle
est plus profonde. Lorsqu'on monte au sein des airs,
on trouve que la densité décroît, et qu'il en est de
même de la température. A mesure que l'on s'éloigne

de la surface, le décroissement de la température s'accélère. En s'appuyant sur ce fait et en calculant les résultats de quelques mesures directes, M. Biot a pu déterminer les limites probables de la hauteur de l'atmosphère. Les durées des phénomènes du crépuscule et de l'aurore et la détermination de l'indice de réfraction de l'air donnent aussi des relations mathématiques d'où l'on tire les valeurs de ces limites. On trouve que l'atmosphère aurait une hauteur totale de 12 à 15 lieues de 4 kilomètres. Ce chiffre semble considérable, quand on remarque que l'homme n'a guère pu s'élever jusqu'à présent dans les airs au delà de 7 kilomètres ; mais il paraît faible quand on le compare à la grandeur du rayon de notre globe, dont il n'est pas la 132e partie. Si l'on imagine qu'on représente la Terre par une sphère ayant 10 mètres de diamètre, l'atmosphère ne la recouvrirait que d'une couche de 38 millimètres d'épaisseur. Mais quelle est la constitution physique de la couche aérienne extrême ? On en est réduit à énoncer sur ce sujet le résultat mécanique auquel est arrivé Poisson, que, « pour l'équilibre, l'air, à la limite de l'atmosphère, doit conserver une certaine densité jointe à une privation totale de ressort, et que la réunion de ces deux causes maintient la pression que l'air exerce et qui retient les couches inférieures, en même temps qu'elle empêche sa propre expansion. » M. Biot a fait voir d'ailleurs que, d'après les conditions physiques auxquelles la densité finale doit satisfaire, sa valeur doit être extrêmement petite et qu'elle ne peut pas excéder un dix-millième de la densité moyenne de l'air au niveau des mers. Quoi qu'il en soit de ce qui se passe aux confins de l'atmosphère, confins qu'il ne sera sans doute jamais donné à l'homme d'explorer, voici les hauteurs les plus grandes auxquelles des observateurs sont parvenus, les pressions qu'ils ont supportées, les températures extrêmes auxquelles ils ont été exposés :

	Hauteurs baro- métriques réduites à zéro.	Températures minima constatées.
De Humboldt et Bonpland sont montés le 24 juin 1802 à.....	5,878ᵐ	376.7	— 1°.6
Lhoest et Robertson sont montés le 18 juillet 1803 à...........	6,831	336.0	— 6.9
Gay-Lussac est monté le 16 septembre 1804 à................	7,016	328.8	— 9.5
Boussingault et Hall sont montés le 16 décembre 1831 à........	6,004	371.1	+ 7.8
Barral et Bixio sont montés le 27 juillet 1850 à.............	7,049	315.0	—39.7
Welsh et Nicklin sont montés le 26 août 1852 à..............	6,096	371.1	—10.3
Welsh et Nicklin sont montés le 10 novembre 1852 à.........	6,989	310.9	—23.6

Humboldt et Bonpland se sont élevés, le long de la pente sud-est du Chimborazo dans les Cordillères des Andes, à 2,000 mètres environ au-dessus de la limite des neiges éternelles sur les différents nevados de la province de Quito. Environ trente ans plus tard M. Boussingault et son ami, le colonel anglais Hall, entreprenaient également, dans l'intérêt de la science, cette même ascension périlleuse, et parvenaient à une hauteur supérieure de 126 mètres à celle atteinte par les plus illustres voyageurs du commencement de ce siècle. Remarquons que la température observée par Humboldt et Bonpland était de — 1°.6, et celle constatée par MM. Boussingault et Hall de +7°.8. Il résultait déjà de ce fait que, dans les hautes régions de l'atmosphère, aux mêmes hauteurs et aux mêmes lieux, la température de l'air éprouve sur le flanc des montagnes des variations comparables à celles que l'on observe au niveau des mers. Cependant, lorsqu'en 1850, mon ami, M. Bixio, et moi fûmes assez heu-

reux pour nous faire transporter par un aérostat un
peu au delà de la couche où le ballon de Gay-Lussac
était arrivé en 1804; on s'étonna que, dans un air viö-
lemment troublé et au sein d'un vaste nuage de gla-
çons, nous eussions trouvé, à l'aide d'instruments nombreux et délicats gradués par M. Regnault, — 39°.7,
c'est-à-dire la température de la solidification du mercure, là même où Gay-Lussac avait seulement observé,
dans un air calme et par un ciel pur, — 9°.5. La sur-
prise ne reposait que sur une mauvaise interprétation
des faits antérieurement constatés. On doit admettre
aujourd'hui que dans les dernières régions de l'atmosphère où les hommes soient parvenus, il y a dans
la température de l'air des variations considérables
aussi bien qu'à la surface de la Terre. Chose non moins
remarquable, en plein été, des nuages d'une épaisseur
de plus de quatre mille mètres, composés d'un nombre
infini de petites aiguilles de glace, peuvent courir au-
dessus de nos têtes avec une vitesse d'au moins cinquante kilomètres à l'heure. Dans les régions où règne
un éternel silence, et où a cessé toute vie, se condensent avec les dernières molécules aqueuses qui se
sont élevées du sein de la Terre et des nues les matières
innombrables que l'on a appelées les immondices de
l'atmosphère; ces matières retombent avec les pluies,
la grêle, la neige à la surface de notre planète; là elles
se disséminent, et, comme je vous en donnerai la
preuve tout à l'heure, elles vont porter jusque sur les
roches les plus arides les éléments nécessaires à la vie
des plantes, qui peuvent ainsi se multiplier sous presque toutes les latitudes, quel que soit le sol où tombe
une semence. Les couches aériennes inférieures qui
baignent la surface de l'écorce solide de notre globe et
la surface deux fois plus étendue des mers, après
s'être chargées de matériaux divers, se dilatent par

l'échauffement, et montent jusqu'à ce que le refroidissement qu'elles éprouvent à de grandes hauteurs les fassent retomber. Un va-et-vient perpétuel se produit dans cette tranche atmosphérique de sept kilomètres d'épaisseur que nous avons pu sonder. La pluie, la neige se forment, et emportées par les vents loin des lieux qui ont vu naître l'embryon du premier nuage, elles vont féconder des plaines lointaines en les arrosant d'une eau saturée d'air nouveau.

Mais nous venons de voir que l'homme n'a guère pu s'élever jusqu'à présent au delà d'une hauteur de sept kilomètres au-dessus du niveau moyen de l'Océan. Est-ce une limite qu'on ne pourra pas dépasser sensiblement ? Les excursions le long des montagnes sont extrêmement dangereuses et pénibles dès qu'il s'agit de monter dans la région des neiges éternelles. La raréfaction croissante de l'air, jointe aux efforts musculaires que l'on est obligé de faire pour avancer péniblement sur les glaces, cause de vives douleurs et des accidents graves. Le voyageur assis dans la frêle nacelle des ballons n'a à se défendre que du froid ; il se croit immobile au sein des airs qui l'emportent avec une vitesse dont il n'a conscience que par la réflexion, et dans lesquels il fait, suivant la verticale, de grandes et rapides oscillations que le baromètre seul lui révèle. Déjà Gay-Lussac l'avait constaté : on n'éprouve alors qu'une forte gêne dans la respiration et une assez vive accélération du pouls. Il paraît donc facile de renouveler des voyages aéronautiques vers les plus lointains espaces atmosphériques.

Après les deux voyages que M. Bixio et moi nous avons exécutés à nos frais, mais avec l'appui de savants désireux de voir cette partie de la science faire quelques progrès, de MM. Arago, Regnault et Walferdin, l'association britannique pour l'avance-

ment des sciences ordonna la préparation d'expédi-
tions aérostatiques où l'on devait tenter de s'élever
bien au delà des régions jusqu'alors explorées. Vain
espoir, MM. Welsh et Nicklin, chargés de faire les nou-
veaux voyages, ne purent atteindre sept kilomètres,
mais ils observèrent une température de — 23°.6, ce
qui est une sorte de milieu entre les nombres obtenus
par Gay-Lussac et par nous. La variation de la température des couches aériennes supérieures a été ainsi
confirmée, mais on doit remarquer de plus en plus que
l'on n'a pu franchir cette hauteur limite à laquelle tout
le monde jusqu'alors s'était arrêté. Pourra-t-on s'élever
beaucoup plus haut ? Rien ne le démontre.

Tout est hypothétique dans les vues exposées même
par les esprits les plus éminents et les géomètres du
plus grand savoir, sur la constitution de l'atmosphère au
delà des couches explorées jusqu'à ce jour. Je me rap-
pelle que très-peu de temps après nos voyages aéronautiques de 1850, je faisais part à M. Liouville du fait sin-
gulier qui m'avait frappé, de voir s'arrêter vers sept
kilomètres toutes les tentatives des hommes pour s'élever dans les airs, et l'illustre géomètre n'hésita pas à me
répondre que rien ne prouvait qu'on pût même en ballon gravir beaucoup plus haut. Pourquoi une constitution très-différente de celle que l'on a observée jusqu'à
sept kilomètres n'existerait-elle pas plus loin? Et d'ailleurs, il faut bien le remarquer, cette hauteur de sept
kilomètres atteinte par les ballons a été calculée d'après
les mesures barométriques et thermométriques, en se
servant de la formule donnée par Laplace dans le
livre X de la *Mécanique céleste ;* cette formule a été
établie en supposant que la température diminue en
allant d'une station inférieure à une station supérieure, suivant une progression arithmétique. Il restait
encore, cette hypothèse faite, à déterminer la valeur

numérique d'un coefficient, ce qui a été exécuté par Ramond, au moyen de la comparaison d'un grand nombre de mesures des montagnes de la chaîne des Pyrénées prises par le baromètre, avec leurs mesures trigonométriques qui seules sont indépendantes de toute supposition sur la constitution de l'atmosphère. Or les mesures employées par Ramond n'étant pas supérieures à 2,500 mètres, il peut rester quelque doute sur la légitimité de l'extension de la valeur attribuée à la constante de la formule de Laplace, à des hauteurs près de trois fois plus considérables que celles pour lesquelles ont été exécutées les comparaisons de Ramond. A ce point de vue, il serait donc désirable que de nouvelles expériences fussent entreprises, et qu'on pût, par exemple, suivre un aérostat avec des lunettes, en se plaçant aux extrémités d'une base suffisamment grande, afin de comparer de nouveau les déterminations thermométriques et barométriques avec les mesures trigonométriques.

Quoique l'épaisseur de la couche aérienne explorée par quelques observateurs depuis le commencement de ce siècle ne soit, suivant toutes les probabilités, qu'une petite fraction de la hauteur totale, son poids représente plus de la moitié du poids de l'atmosphère terrestre dont nous avons, il y a quelques instants, cité la valeur d'après M. Dumas. En effet, la pression barométrique que nous avons supportée dans les airs était réduite à environ 32 centimètres, ou aux quarante-deux centièmes de la pression moyenne au niveau de l'Océan. Or, il est extrêmement probable que c'est dans cette couche inférieure que se produisent tous les phénomènes qui, dans l'atmosphère, peuvent intéresser la vie des plantes et la vie des animaux sur notre planète.

De Humboldt rapporte, dans la relation de son ascension sur le Chimborazo, qu'il est resté, en Angleterre, pendant près d'une heure dans une cloche à plongeur, soumis à une pression atmosphérique de 1^m.22, et comme il avait vu la colonne barométrique à 0^m.38 pendant sa dernière station non loin de la cime la plus élevée de la chaîne des Andes, il en a conclu que les variations barométriques auxquelles l'organisation humaine est susceptible de se plier peuvent monter ou descendre une échelle de 0^m.84. En descendant dans les cloches où, suivant l'invention de M. Triger, on refoulait l'eau du Rhin pour fonder les piles du pont de Kehl, j'ai pu endurer pendant plus de trois quarts d'heure une pression de trois atmosphères, sans autres souffrances qu'une oppression assez forte, et d'assez vives douleurs d'oreilles. J'ai donc été exposé à des pressions extrêmes qui différaient de 1^m.96, ou qui étaient entre elles comme 1 est à 14.

Les plantes n'ont pas à subir de grandes variations de pression ; cependant la faible élasticité de l'air sur les hautes montagnes peut exercer, aussi bien que la dureté du climat, une réelle influence sur la végétation si chétive des régions élevées de 3,000 à 4,500 mètres au-dessus du niveau moyen des mers. Nous l'avons déjà vu, c'est un peu plus haut, vers 6,000 mètres, que toute vie s'éteint dans les airs. Bénédict de Saussure a trouvé des papillons sur le Mont-Blanc ; des insectes ailés voltigeaient autour de Bonpland et de Humboldt à une hauteur de 5,800 mètres sur le revers oriental du Chimborazo, et le géant des vautours, le condor, planait au-dessus de la tête des hardis voyageurs ; mais la saxifrage découverte par M. Boussingault, et qui rappellera aux siècles futurs les féconds voyages de notre illustre maître, ne paraît pas croître à une plus grande hauteur que 4,800 mètres, où elle sert de vêtement à des blocs de rochers, épars çà et là, au-dessus de la limite des neiges éternelles.

Ainsi tous les phénomènes qui intéressent la végétation se passent dans la couche aérienne épaisse de
7 kilomètres, que les hommes ont explorée. C'est là
que se condensent presque tous les nuages, que la
grêle prend naissance, que l'électricité fait incessamment jaillir des étincelles, tantôt faibles et que des instruments d'une extrême sensibilité peuvent seuls indi-
quer à nos sens étonnés, tantôt immenses, éclatantes,
et qui sillonnent les airs avec un bruit majestueux
et terrible. Quelles réactions utiles à la végétation doivent ainsi s'accomplir incessamment. Je dis incessamment et non pas seulement lorsque grondent les ora-
ges, parce que l'absence d'électricité dans l'atmosphère,
même sous nos climats, se trouve être l'exception. Ainsi
sur 2,847 observations de l'électromètre, qu'Arago a
consignées sur ses registres en 1829, 1830 et 1837,
observations qu'il nous a été donné de dépouiller, il y en
a eu 1,622 constatant de l'électricité dans l'atmosphère,
et 1,225 seulement n'accusant aucune trace du phénomène ; en d'autres termes, les instruments ont témoigné
qu'à Paris l'atmosphère est électrisée soit positivement,
soit négativement, 59 fois, et neutre 41 fois sur 100.
Chose remarquable, l'électricité n'a été négative que
72 fois sur le nombre total de 2,847 observations effectuées ; mais, à certains jours, le signe de l'électricité
change à chaque instant, ce qui prouve une sorte de
courant continu d'étincelles électriques traversant les
airs. Ailleurs le phénomène est plus multiplié encore,
et, par exemple, d'après M. Boussingault, un observateur placé à l'équateur, s'il était doué d'organes assez
sensibles, y entendrait continuellement le bruit du ton-
nerre, malgré la pureté et la sérénité du ciel des régions intertropicales. Quand on réfléchit aux agita-
tions continuelles de l'atmosphère, aux vitesses souvent
énormes des vents qui transportent les molécules

aériennes d'un lieu à un autre plus vite que ne courent sur les chemins de fer les plus rapides locomotives à vapeur, on demeure convaincu de l'influence générale exercée directement ou indirectement par l'électricité sur toute la végétation. La molécule que l'électricité a fait naître ici dans l'atmosphère sera demain déposée là-bas.

De même que la température des couches aériennes, de même que leur état électrique, la couleur et la transparence variables de l'atmosphère exercent certainement une action importante sur la végétation, sur l'abondance et sur le degré de maturité des récoltes. Qui ne sait que la lumière est nécessaire à la formation de la chlorophylle et, par suite, intervient dans les réactions qui se produisent entre l'air et les parties vertes des plantes ? Qui ne sait que sans la lumière solaire, la plupart des actions de la vie ne pourraient s'accomplir sur notre planète ?

Lavoisier a signalé l'importance capitale de la lumière pour l'accomplissement des phénomènes que nous étudions, dans de magnifiques paroles que je demande la permission de citer de nouveau après d'illustres maîtres qui les ont invoquées comme moi :

« L'organisation, le sentiment, le mouvement spontané, la vie, n'existent qu'à la surface de la Terre et dans les lieux exposés à la lumière. On dirait que la fable du flambeau de Prométhée était l'expression d'une vérité philosophique qui n'avait point échappé aux anciens. Sans la lumière, la nature était sans vie ; elle était morte et inanimée : un Dieu bienfaisant, en apportant la lumière, a répandu sur la surface de la Terre l'organisation, le sentiment et la pensée. »

A ces belles paroles, M. Dumas a ajouté : « Si le sentiment et la pensée, si les plus nobles facultés de l'âme et de l'intelligence ont besoin, pour se manifester, d'une enveloppe matérielle, ce sont les plantes qui sont chargées d'en ourdir la trame avec des éléments qu'elles empruntent à l'air, et sous l'influence de la lumière que le Soleil, où en est la source inépuisable, verse constamment et par torrents à la surface du globe. »

Mais si la loi de l'action de la lumière est posée dans ces termes généraux, on n'en connaît pas suffisamment les détails pour rendre compte des faits particuliers. Il faut qu'à l'avenir on analyse les phénomènes. La pureté du ciel, l'intensité de sa couleur bleue, les phénomènes de polarisation atmosphérique, encore si peu étudiés dans leurs rapports avec la physique terrestre, soulèvent une foule de questions que je dois seulement signaler à l'attention et au zèle des jeunes savants. Le cyanomètre devrait certainement, selon les idées de Saussure, de Biot, d'Arago, devenir un instrument de météorologie qui, convenablement interrogé, donnerait peut-être la solution de plus d'un problème important.

Ainsi toutes les propriétés physiques de l'enveloppe vaporeuse de notre planète doivent être étudiées pour qu'on arrive à connaître dans son intégrité l'action que l'atmosphère exerce sur les êtres qui vivent dans ses bas-fonds.

Lorsqu'une grande vérité existe, Messieurs, l'homme peut bien ne pas l'embrasser immédiatement dans toute son étendue, mais il faut admettre comme certain qu'il l'aperçoit confusément, dès qu'il commence à réfléchir, selon la destinée de son intelligence, sur les lois de la nature. Il mêle sans doute aux résultats directs d'observations incomplètes ou inattentives les vues de son imagination qui se hâte toujours d'aller au delà des faits constatés. Les systèmes, les théories, s'établissent ainsi avec beaucoup d'erreurs qui sont destinées à être effacées peu à peu. Dans les idées des anciens sur l'atmosphère, nous devrons donc retrouver le fond de nos idées modernes, plus exactes et plus précises.

Nous savons aujourd'hui que l'atmosphère est un immense réservoir où, sous l'influence des agents physiques que nous venons de passer en revue, les animaux et les végétaux puisent et déversent incessamment des éléments que tout à l'heure nous aurons à spécifier. Eh bien, Anaximène, qui vivait 550 ans avant Jésus-Christ, a dit : « Tout vient de l'air et tout y retourne... Les animaux et les plantes en tirent leur origine... L'âme est elle-même quelque chose d'aérien... La condensation et la raréfaction, le froid et la chaleur, président à toutes les modifications de la matière ; l'air infini est la divinité elle-même. »

On conviendra que si l'un des derniers chefs de l'école ionienne est allé beaucoup trop loin en faisant jouer à l'air un rôle divin, il a dit vrai en lui attribuant de servir à la nutrition des animaux et des plantes, et en outre en apercevant confusément que la condensation causée par le froid intervient pour ramener vers les plantes les éléments aériens qui pourront servir à l'entretien de la vie.

Anaxagoras, de Clazomène, qui transporta à Athènes le siége des sciences et des lettres qui jusqu'alors avaient surtout brillé en Ionie, en Sicile, dans la grande Grèce, précisa davantage que n'avaient encore pu le faire ses prédécesseurs, et émit une doctrine complétement conforme en principe à celle que j'ai l'honneur de professer aujourd'hui devant vous. D'après Anaxagoras : « L'air possède les éléments de tous les êtres ; ces éléments, étant amenés par le véhicule de l'eau, engendrent les plantes. »

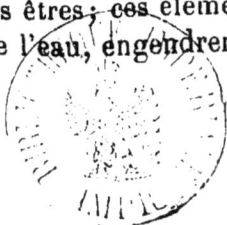

2

Du reste, le nombre immense de matériaux de toutes sortes contenus dans l'atmosphère, et la matérialité même de l'air, n'avaient pas plus échappé aux anciens qu'ils n'échappent aujourd'hui aux enfants, regardant avec des yeux pleins d'admiration et cherchant à saisir avec les mains ces masses de matières poussiéreuses que montre un rayon de soleil qui pénètre à travers les fentes d'un volet dans une chambre fermée. Voici par exemple ce que dit Sénèque dans le premier siècle de l'ère chrétienne : « Les vents emportent des poids énormes... L'air n'est jamais dans une obscurité complète. Lorsque le soleil pénètre dans un endroit fermé, une multitude de corpuscules montent, descendent et s'agitent en tous sens. »

Lorsque, après l'invasion des barbares et les guerres sanglantes qui pendant tant d'années s'opposèrent à tout progrès scientifique, les hommes revinrent aux études philosophiques et à l'observation de la nature, les idées sur le rôle de l'air atmosphérique dans les grands phénomènes de la vie de tous les êtres qui peuplent notre planète allèrent en se précisant davantage.

Au quinzième siècle, Basile Valentin, ou le pseudonyme qui a pris ce nom célèbre, s'exprime ainsi : « L'air est nécessaire à tous les animaux, et même aux poissons. Les poissons périssent dans les étangs couverts de glace, parce qu'il leur manque l'air indispensable à la respiration. »

Au seizième siècle, Paracelse dit à son tour avec plus de profondeur encore et en assimilant justement la respiration à une combustion : « S'il n'y avait pas d'air, tous les êtres animés mourraient asphyxiés... Si le bois brûle, c'est l'air qui en est cause... L'homme meurt comme le feu, quand il est privé d'air. »

Dans le même siècle, Léonard de Vinci exprime l'idée juste de l'absorption de l'air ou d'une partie de ses éléments dans le phénomène de la combustion. « Le feu, dit-il, détruit sans cesse l'air qui le nourrit ; il se ferait du vide, si d'autre air n'accourait pas. »

Enfin la complexité des éléments de l'air est signalée au dix-septième siècle par Boyle, avec une netteté tout à fait surprenante, et est démontrée par des expériences qui méritaient d'être plus remarquées ; ces expériences consistaient « à remplir une fiole de verre au tiers ou au quart d'un mélange de limaille de cuivre et d'une solution aqueuse d'esprit d'urine (ammoniaque), et à bien fermer la fiole après y avoir introduit préalablement un petit baromètre. Le mélange se colorait en bleu céleste à mesure que l'élasticité de l'air emprisonné dans le vase diminuait et laissait descendre la colonne de mercure. » La liqueur que Boyle obtenait ainsi est précisément celle que M. le docteur Schweitzer a tout récemment trouvée être douée de la propriété de dissoudre la cellulose, et qui a fourni à MM. Péligot, Payen et Frémy les moyens de faire des expériences si curieuses sur les tissus cellulaires des végétaux, et sur la peau des vers à soie. Si l'on fait attention d'ailleurs que dans son Mémoire sur le nitre, Boyle avance que l'air pourrait bien jouer un rôle important dans la formation du nitre naturel, on reconnaîtra que cet illustre et profond observateur n'aurait eu qu'à constater l'influence de la nitrification sur la fécondation des terres arables, pour reconnaître toute l'importance du rôle de l'air dans l'alimentation des plantes, sur lesquelles l'attention des observateurs s'était jusque-là bien moins appesantie que sur la vie des animaux.

D'ailleurs, les recherches scientifiques mirent d'abord uniquement en évidence les restitutions que les plantes font à l'atmosphère. Ainsi, au commencement du dix-huitième siècle, Hales détermina par des pesées l'énorme

quantité de vapeur d'eau que les plantes transpirent;
puis Bonnet constata que des feuilles fraîche, placées
au fond d'un vase contenant de l'eau de source, laissent
dégager des bulles gazeuses par leur exposition au soleil, mais qu'elles ne produisent plus aucun gaz lorsque
l'eau dans laquelle elles sont plongées a été préalablement bouillie. Bonnet en conclut que le gaz qu'il
avait recueilli dans sa première observation provenait
de l'eau, mais il n'aperçut pas complétement dans les
faits qu'il avait constatés l'action décomposante exercée
par les végétaux; ce n'est que plus tard que la question de l'assimilation directe ou indirecte de quelques-
uns des éléments de l'air par les végétaux a pu être
discutée. Il fallait, pour que toutes les parties du problème fussent posées et pour qu'on pût chercher à les
résoudre, que des idées vagues ou incomplètes dues à
des vues synthétiques, à des observations en gros,
fussent remplacées par les idées précises que l'analyse
vint fournir, à la suite des immenses travaux accomplis
par l'illustre phalange des savants de la seconde partie
du dix-huitième siècle.

Les recherches de Van Helmont, Hales, Mayow,
Bergman, Scheele et Lavoisier, conduisirent peu à
peu à soupçonner, à reconnaître, à constater enfin
que l'air est principalement composé d'oxygène et
d'azote.

Le rapport de ces deux gaz se maintient-il constant
dans un même lieu, sous tous les climats, dans tous
les temps, à la surface de la Terre et dans les plus
hautes régions aériennes où l'homme puisse s'élever?
Les expériences de Cavendish, Davy, Marty, Berthollet,
Fourcroy, établissent que l'oxygène et l'azote sont, à
peu près dans le rapport de 1 à 4. Bientôt après,
Gay-Lussac démontre que l'air recueilli à une hauteur

de 6 à 7 kilomètres au-dessus du niveau moyen des
mers présente la même composition que l'air de nos
plaines; Humboldt (1804), M. Despretz (1822), MM. Dumas et Boussingault (1841), MM. Regnault et Rei-
set (1845), M. Doyère (1847), précisent davantage la
valeur du rapport des deux gaz par l'emploi des mé-
thodes analytiques les plus variées et les plus délicates,
en donnant des procédés d'exécution rapides qui permettent de constater la vérité du résultat fondamental,
dans les conditions de lieu et de temps les plus multipliées.

La conséquence la plus importante de toutes ces
recherches, qui ont occupé les chimistes et les phy-
siciens les plus éminents de l'Europe pendant trois
quarts de siècle, c'est que si les proportions de l'azote
et de l'oxygène de l'atmosphère s'éloignent jamais du
rapport de 792 à 208 en volume, ou de 769 kilogrammes à 231 kilogrammes en poids pour 1,000 d'air,
les variations ne pourront être reconnues qu'après une
longue suite de siècles. Ce fait peut être considéré comme
la base de la statique chimique des êtres organisés
au point de vue de l'atmosphère, en ce qui concerne l'influence absorbante des animaux, l'influence réparatrice
des végétaux.

Aux expériences de Boyle, Hales, Lignac, Black,
Priestley, qui ont montré que la respiration des animaux a une action marquée sur l'air atmosphérique,
qu'elle en diminue le volume, qu'elle en change la
nature au point d'ôter en peu de temps à cet air la
faculté d'entretenir la vie, répondirent d'autres expériences du même Priestley, complétées par celles d'Ingenhousz, de Senebier et de Théodore de Saussure, d'où
il résultait que les végétaux émettent l'élément aérien
absorbé par les animaux et ont la propriété d'améliorer
l'air atmosphérique vicié par la respiration et par la

combustion. Dans leur célèbre statique chimique des êtres organisés, MM. Dumas et Boussingault ont édicté en ces termes la loi définitive du phénomène :

« L'oxygène enlevé par les animaux est restitué par les végétaux ; les premiers consomment de l'oxygène ; les seconds produisent de l'oxygène ; — Les premiers brûlent du carbone, les seconds produisent du carbone ; — les premiers exhalent de l'acide carbonique ; les seconds fixent de l'acide carbonique. »

On voit par cette loi que la statique atmosphérique semble se déduire naturellement d'une sorte de compensation qui s'établirait entre les rôles contraires des animaux et des plantes en ce qui concerne l'oxygène de l'air : l'oxygène fixé par ceux-là sur du carbone, pour produire de l'acide carbonique, serait rendu libre ou détaché par ceux-ci de l'acide carbonique, pour laisser du carbone dans leur organisme. Toutefois l'action de l'atmosphère sur la partie solide et liquide de notre globe et sur tous les êtres qui la peuplent est beaucoup plus complexe qu'il n'apparaît d'après ce premier aperçu. Un grand nombre d'autres phénomènes se groupent autour du premier fait que les recherches chimiques ont mis en évidence. Par exemple, nous démontrerons que l'oxygène de l'air est absorbé par le sol en culture aussi bien que par les animaux qui respirent ou par nos foyers qui brûlent, et que les plantes décomposent aussi une énorme quantité d'acide carbonique qui ne provient ni de la respiration des animaux, ni des combustions allumées par la main des hommes, ni de celles bien plus énergiques encore qui ont leur origine dans les convulsions volcaniques de notre planète. Remarquons auparavant que l'un des résultats les plus importants pour la physique terrestre, obtenus par les recherches incessantes des savants sur la nature de l'air atmosphérique, consiste en ce

que cet air n'est pas une combinaison mais est un mélange d'oxygène et d'azote principalement, de telle sorte
que chacun de ces deux corps simples se comporte
dans l'atmosphère en vertu de ses propres affinités
comme s'il était isolé et non pas comme s'il était déjà
entré dans les liens d'une combinaison qui lui donnerait des propriétés distinctes de celles que l'on reconnaît à l'oxygène et à l'azote, quand on les étudie sé-
parément et dans un état de pureté absolue. D'ailleurs
l'oxygène et l'azote ne sont pas les seuls corps à con-
sidérer quand on cherche à se rendre un compte exact
et complet de l'influence de l'atmosphère sur la végétation.

Ainsi,

L'acide carbonique renfermé dans la proportion
variable de 4 à 6 dix millièmes, et que Black a appris
à reconnaître dans l'air par la célèbre expérience de la
pelliculle blanchâtre avec couleurs irisées, qui se
forme sur l'eau de chaux abandonnée dans un vase
ouvert;

La vapeur d'eau qui se résout en pluie, en neige,
en grêle, en grésil, en rosée, en gelée blanche,
en brouillards humides, de manière à entraîner vers le
sol une foule de matériaux divers, de telle sorte que
de Humboldt a pu écrire dans une lettre à M. Boussingault, après les belles recherches de cet illustre agronome et chimiste sur les matières dissoutes dans la
rosée : « On saura à l'avenir que les perles des poëtes
déposées sur les calices des fleurs, et à la pointe des
herbes, contiennent tout ce qu'il faut pour faire du lait
et de la viande; »

L'ammoniaque, l'acide nitrique, les sels de soude,
de chaux, etc., puis ces substances si diverses, organisées ou inorganiques, que l'on a appelées les immondices de l'atmosphère, que les recherches de Bergman

(1780), Brandes (1825), Zimmermann, Berzélius, Hermbstädt, Kruger, MM. Liebig, Isidore Pierre, Ben Jones, Bineau, Boussingault, Thomas Way, etc., etc., ont signalées, puis étudiées avec plus de soin après que nous avons eu, nous-même, rappelé l'attention sur leur importance ;

Tous ces corps, toutes ces substances exercent sur la vie des plantes une action favorable et directe que la science a commencé à faire connaître.

Peut-être serait-il juste de dire que l'air considéré dans l'état de pureté que l'on réalise quelquefois dans les laboratoires frapperait la terre de stérilité; peut-être est-il nécessaire au maintien de la vie sur notre planète qu'une foule d'impuretés soient incessamment transportées par les vents et les tempêtes, des lieux où elles se produisent, vers les terrains où des germes les attendent pour être fécondés.

Dans ses *Tableaux de la nature*, de Humboldt a peint en termes magnifiques la merveilleuse multiplicité des germes de vie contenus dans l'atmosphère. « Les vents, dit-il, enlèvent à la surface des eaux desséchées des Rotifères, des Brachions et une multitude d'animalcules invisibles. Immobiles et offrant toutes les apparences de la mort, ces êtres flottent suspendus dans les airs, jusqu'à ce que la rosée les ramène à la terre nourrissante, dissolve l'enveloppe qui enferme leurs corps tourbillonnants et diaphanes, et, grâce sans doute à l'oxygène que l'eau contient toujours, souffle aux organes une nouvelle irritabilité. Les météores de l'Atlantique, formés de vapeurs jaunes et poudreuses, qui, des îles du cap Vert, s'avancent de temps à autre vers l'est, dans le nord de l'Afrique, en Italie et dans l'Europe centrale, sont, d'après la brillante découverte d'Ehrenberg, des amas d'organismes microscopiques, enfermés dans des enveloppes siliceuses. Beaucoup peut-être ont erré durant de longues années, à travers les couches les plus 'élevées de l'atmosphère, jusqu'à ce que des courants d'air verticaux ou les vents alizés qui soufflent dans les hautes régions les ramènent, capables encore de vie et tout prêts à se multiplier par la division spontanée. Outre les créatures déjà en possession de l'existence, l'atmosphère contient encore des germes innombrables de vie future, des œufs d'insectes et des œufs de plantes, qui, soutenus par des couronnes de poils ou de plumes, partent pour les longues pérégrinations de l'automne. La poussière fécondante que sèment les fleurs mâles, dans les espèces où les sexes sont séparés, est portée elle-même par les vents et par des insectes ailés à travers la terre et les mers, jusqu'aux plantes femelles qui vivent dans la solitude. Partout où l'observateur de la nature plonge ses regards, il rencontre la vie ou un germe prêt à la recevoir. L'atmosphère agitée dans laquelle nous sommes submergés, sans pouvoir jamais en atteindre la surface, fournit à un grand nombre de créatures organiques la nourriture la plus nécessaire à leur existence; mais ces êtres ont besoin encore d'un aliment plus grossier, que peut seul leur offrir le sol qui sert de lit à cet océan gazeux. »

Le plus actif de tous les éléments du mélange aérien, dont nous venons d'esquisser la complexité extraordinaire, est évidemment l'oxygène. Ce corps, dont les affinités sont si énergiques, peut-il rester absolument neutre dans tous les phénomènes de la végétation? est-il tout simplement rendu libre lors de la fixation du carbone qui résulte de la décomposition de l'acide carbonique? L'expérience a montré qu'il n'en est pas ainsi. L'oxygène de l'air est absorbé dans l'acte de la germination des graines et dans l'acte de la fécondation des fleurs. Dans ces deux cas, le végétal se fait en quelque sorte un animal : il brûle du carbone et de l'hydrogène. Les expériences précises et multipliées de Rollo et surtout de Théodore de Saussure et de M. Boussingault ne laissent aucun doute sur ce résultat remarquable. Dans une graine qui germe, la quantité absolue d'azote reste presque constante, le carbone, l'hydrogène et l'oxygène diminuent; le phénomène de régénération accompagnée d'une perte de substance ne s'accomplit que dans l'ombre, à l'abri de la lumière et en présence d'oxygène.

Une fois que la germination a fait naître les organes de la plante, d'une part les racines qui s'allongent et se multiplient dans le sol en recouvrant leurs extrémités de fibres chevelues, d'autre part les tiges qui s'élèvent en envoyant dans toutes les directions, mais surtout vers les endroits exposés à la lumière, les branches qui se garnissent de feuilles pendant le jour ; une fois que tous ces organes sont nés, la plante rend de l'oxygène à l'atmosphère, comme nous l'avons dit. Les expériences de Bonnet, Priestley, Ingenhousz, Senebier et de M. Boussingault sont concluantes à cet égard, et démontrent de plus que l'oxygène dégagé provient de la décomposition de l'acide carbonique absorbé par les organes des feuilles ou par les racines. Mais le phénomène n'a lieu encore qu'en présence de l'oxygène dans le milieu aérien où baignent les feuilles, dans le milieu solide mais poreux où plongent les racines. Supprimez l'oxygène soit de l'atmosphère, soit du sol, et les plantes cessent de se développer, pour bientôt mourir. Si le développement continue quelque temps dans un milieu qu'on a préalablement dépouillé de gaz oxygène, c'est uniquement, comme l'a démontré

Théodore de Saussure, parce que les parties vertes y répandent ce gaz; si on enlève l'oxygène à mesure qu'il se produit, on arrête l'accroissement du végétal.

Pendant la nuit les plantes cessent d'émettre de l'oxygène; elles en condensent, au contraire, une quantité à peu près égale à celle du volume de leurs feuilles et elles dégagent de l'acide carbonique qui paraît provenir, d'après les expériences de de Saussure et de M. Boussingault, de la combustion de leur carbone.

De ces faits on peut conclure que les plantes paraissent respirer, qu'elles inspirent et qu'elles expirent alternativement. D'après des recherches récentes (1859) de M. Eugène Risler, le fer que contiennent les plantes jouerait un rôle important en présence de l'atmosphère. « Dans les racines et les graines, dit ce savant agronome, le fer est à l'état de protoxyde. Il se trouve également à cet état dans les parties blanches des végétaux. Le peroxyde prédomine d'autant plus que les parties des plantes sont plus vertes. Il domine dans les feuilles rougies de l'automne.... Quand les sucs de végétaux sont exposés à l'air et à la lumière, le protoxyde se convertit peu à peu en peroxyde, et d'autant plus vite, que la lumière est plus intense relativement au volume du suc. A l'obscurité, il est, au contraire, réduit par les substances organiques.... La chlorophylle contient du peroxyde et du protoxyde de fer, dont les couleurs jaune et bleuâtre forment ensemble le vert A l'obscurité, il y a réduction du peroxyde par les matières organiques qui l'entourent et dégagement d'acide carbonique. Mais sous l'influence de la lumière, cette réduction n'a pas lieu. Dans ces conditions, il se fait la réaction de la rouille ordinaire. Le protoxyde et le peroxyde forment un couple voltaïque, qui décompose à la fois l'eau et l'acide carbonique que celle-ci tient en dissolution, tandis que l'hydrogène et le carbone à

l'état naissant peuvent entrer dans des composés organiques. » Cette théorie ingénieuse de la respiration des
plantes aura certainement besoin d'être confirmée par
de nouvelles expériences; il y a lieu toutefois de remarquer dès maintenant que le jaune et le bleu des
deux sels de fer au minimum et au maximum, auxquels M. Risler fait jouer un rôle, ont été trouvés dans
les recherches plus récentes de M. Frémy sur la chlorophylle.

On peut être en désaccord sur l'explication de l'action exercée par l'oxygène gazeux sur les phénomènes
de végétation qui se produisent dans les organes aériens
des plantes, mais il est impossible de nier la nécessité
de l'intervention de ce principe actif de notre atmosphère dans le jeu des réactions qui s'accomplissent en
dehors du sol, quand les végétaux se développent et
croissent. A l'intérieur du sol où plongent les racines, la présence de l'oxygène n'est pas moins indispensable. Si les parties souterraines d'une plante sont
placées dans un sol où l'oxygène ne peut pénétrer, ou
bien dans un sol contenant de l'acide carbonique pur, de
l'azote pur, de l'hydrogène pur, la plante ne tarde pas
à mourir, comme l'a démontré Théodore de Saussure.
Une eau stagnante ou privée d'oxygène, qui baigne un
sol dans lequel est planté un végétal, devient mortelle
pour celui-ci. Aussi les agriculteurs ont-ils soin
d'ameublir profondément le sol dans lequel ils veulent
obtenir d'abondantes récoltes, et ont-ils accepté avec
empressement le drainage, c'est-à-dire cette moderne
invention de tuyaux placés souterrainement de manière à établir sous le sol cultivé une circulation
continue d'air et d'eau. L'oxygène qui pénètre ainsi
dans la terre, est rapidement absorbé. D'abord,
MM. Boussingault et Levy ont démontré que l'air des
pores de la terre est extrêmement riche en acide car-

bonique, que ce dernier gaz s'y élève parfois jusqu'à
10 pour 100 du volume total. D'un autre côté, j'ai
trouvé que l'air des tuyaux de drainage ne renferme
souvent que de l'acide carbonique et de l'azote, et que
dans l'eau qui s'échappe des bouches des drains
l'oxygène a aussi presque entièrement disparu.

Que devient l'oxygène, quand il a pénétré dans l'intérieur de la couche arable? Tout démontre qu'outre
l'action spéciale qu'il exerce sur les racines des plantes vivantes, il se combine encore avec les matières
organiques ou minérales du sol. Dès 1854, j'ai constaté la présence de fortes proportions de nitrates, et
la rareté de l'ammoniaque dans les eaux provenant du
drainage de sols richement fumés. Ainsi la preuve de
l'oxydation des matières organiques du sol est directement administrée par la présence de l'acide carbonique et par la nitrification.

Ceux qui connaissent les faits les plus vulgaires de
l'agriculture n'hésiteront pas à admettre l'utilité de
cette oxydation. Tous les cultivateurs savent en effet
que c'est en vain qu'on ajouterait de l'engrais à un sol
pour augmenter sa fécondité; ce sol resterait stérile,
si, par les labours, on n'y faisait pénétrer de l'air. Les
cultivateurs savent aussi que le sous-sol ramené à la
surface frappe parfois la couche arable de stérilité,
jusqu'à ce qu'il ait été suffisamment aéré.

M. Chevreul a émis le premier, en 1850, l'idée que
le drainage devait agir non pas seulement en enlevant
l'eau en excès des terrains humides, mais encore en
déterminant l'intervention d'une certaine quantité
d'air dans le sol. La production de sulfures nuisibles
à la végétation, dans les sols compactes, humides et
chargés originairement de matières organiques et de
sulfates, qui sont au-dessous du pavé des villes,
avait démontré à l'illustre chimiste la nécessité de

l'aération des sols cultivés, et il n'avait pas hésité à attribuer à cette aération les bons effets constatés du drainage.

L'oxygène de l'atmosphère pénétrant dans le sol oxyde les sulfures, les sels de fer, et les matières organiques qui s'y trouvent. Il se fait de l'acide carbonique ; les acides organiques du sol sont altérés, comme l'a indiqué Sprengel ; enfin, il se produit des nitrates, comme j'en ai donné la preuve.

Mais est-ce directement ou indirectement que l'oxygène agit pour produire l'oxydation des matières organiques naturellement contenues dans la terre, ou que les cultivateurs ajoutent sous la forme de fumier ou d'engrais divers ? L'oxygène se combine-t-il directement avec l'humus du sol qui l'absorberait, pour lui permettre de brûler les matières carbonées et azotées ? ou bien l'oxygène n'irait-il pas préalablement se fixer sur quelques-uns des minéraux du sol, sur des protoxydes de fer, sur un sulfure, etc. ? Dès 1846, un savant ingénieur des mines, M. Daubrée, dans un Mémoire sur la formation du minerai de fer des marais et des lacs, a imaginé que le fer contenu dans tous les sols fertiles aurait pour rôle spécial de servir de récepteur à l'oxygène de l'air et de céder ensuite ce gaz peu à peu aux matières organiques du sol. M. Daubrée s'est exprimé en ces termes : « L'oxyde de fer qui se trouve dans toutes les terres végétales peut favoriser la production d'acide carbonique, par la faculté qu'il possède d'être facilement réduit par les matières organiques de l'état de peroxyde à l'état de protoxyde, et de repasser de nouveau à l'état de peroxyde par l'action de l'oxygène de l'air : le peroxyde de fer en contact avec la matière organique, en brûle une partie, et se transforme en carbonate de protoxyde de fer ; mais quand plus tard l'oxygène de l'air intervient, le protoxyde de fer repasse à l'état de peroxyde, et l'acide carbonique se dégage au fur et à mesure de cette oxydation. Ainsi l'oxyde de fer servirait d'agent intermédiaire destiné à amener une partie de l'oxygène nécessaire à la combustion des engrais sous un état favorable à cette réaction. »

M. Kuhlmann, M. Paul Thénard, M. Hervé-Mangon, se sont rangés, dans des communications faites à l'Académie des sciences en 1859, à l'opinion de la cession facile d'oxygène que ferait le peroxyde de fer aux matières organiques pour les oxyder, les brûler, et les rendre assimilables par les végétaux. M. Hervé-Mangon a rendu le phénomène sensible en montrant qu'un liquide clair tiré d'un sol drainé se trouble au contact de l'air par absorption d'oxygène, et s'éclaircit de nouveau quand on le soustrait à l'oxydation. Les crénates et les apocrénates de Berzélius joueraient ainsi un rôle important dans ce qu'on pourrait appeler la respiration du sol. Les engrais mis en réserve dans le sol deviendraient assimilables lorsque l'air, par suite de labour et de drainage, rendrait de l'oxygène aux sels de fer, devenus inactifs dès qu'ils sont réduits à l'état de protoxyde.

Je n'aime pas les réclamations de priorité, mais je ne dois pas cependant laisser effacer de l'histoire de la science des recherches antérieures à celles qui occupent aujourd'hui l'attention des chimistes et des agronomes. Je crois que les sels de fer ne sont pas les seuls intermédiaires par lesquels l'oxygène de l'atmosphère arrive aux plantes ; les sulfures et l'humus du sol produisent les mêmes résultats. Dans la première édition de mon *Traité de drainage*, je me suis sur ces faits exprimé de la manière suivante. On remarquera que m'adressant à des cultivateurs auxquels la chimie n'est pas familière, j'ai dû entrer dans des explications que j'aurais suppri-

mées pour un auditoire tel que le vôtre, s'il ne s'était agi
d'établir une antériorité :

« 1° Ainsi que M. Chevreul l'a démontré, il y a de
l'hydrogène sulfuré, ou, autrement dit, de l'acide
sulfhydrique ou hydrosulfurique produit, lorsque des
matières organiques se putréfient en présence des sulfates. On sait que l'acide sulfhydrique, corps qui a
l'odeur des œufs pourris, qui noircit l'argent, le plomb,
le cuivre, est un poison énergique pour les animaux
et les végétaux. Cet acide sulfhydrique, il est vrai, se
combine avec les radicaux des alcalis pour former
des sulfures fixes; mais en présence des acides organiques que fournit aussi la putréfaction des matières
animales ou végétales contenues dans le sol, l'acide
sulfhydrique peut être mis en liberté et nuire énergi-
quement à la végétation. L'influence de l'air a pour
effet direct de fournir de l'oxygène aux sulfures, s'ils
sont formés, et de les empêcher de pouvoir donner
naissance à de l'acide sulfhydrique. Quand les sulfures ne sont pas encore produits, l'oxygène de l'air
brûle directement les matières organiques, surtout en
présence des alcalis, et alors il ne se forme aucun corps
nuisible à la végétation.

« 2° Quand un sol n'est pas aéré, et qu'il contient de l'oxyde de fer, il arrive que cet oxyde de fer
abandonne de l'oxygène aux matières organiques en
putréfaction, pour les brûler lentement en se ré-
duisant à un état d'oxydation inférieur, jusqu'à ce
qu'il ne puisse plus céder aucune parcelle d'oxygène.
Le sol devient bientôt improductif si l'air ne peut
pas s'y renouveler. On aura beau y ajouter des
engrais : en l'absence d'oxygène, les engrais ne
fourniront que des produits nuisibles aux plantes.
Supposons qu'au bout de quelque temps l'air puisse
intervenir : son premier effet sera de réparer les

désastres passés, c'est-à-dire de régénérer de l'oxyde
de fer.

« 3° Il arrive que beaucoup de sols contiennent des
pyrites ou sulfures de fer. Ces pyrites ne seront pas
dangereuses si de l'air peut être donné au sol, car
l'oxygène de cet air transformera leurs éléments : l'un,
c'est-à-dire le soufre, en acide sulfurique; l'autre, ou
le fer, en oxyde de fer. C'est ce qui se produit dans la
préparation des cendres pyriteuses que l'on fabrique
pour l'agriculture au bord de certaines carrières, par
la simple accumulation dans des tas où l'on permet à
l'air d'intervenir. Mais supprimez l'introduction de
l'air dans les terres pyriteuses, vous aurez beau les
fumer, elles continueront à rester sinon stériles, au
moins peu fertiles. »

Ainsi l'oxygène de l'air qui pénètre dans le sol se
fixe au moins sur trois éléments de presque tous les
terrains cultivés, sur l'humus, sur les sulfures, sur
les composés ferrugineux, pour être absorbé par des
matières capables de devenir les aliments des plantes.
Il peut y avoir encore quelques autres corps poreux
jouissant de la même propriété de condenser l'oxygène atmosphérique à la manière du charbon, du carbonate de magnésie, etc. Quoi qu'il en soit, c'est
par l'oxygène de l'air et dans l'intérieur du sol que se
fait ce qu'on peut appeler la digestion végétale : on
comprend ainsi l'importance que les agronomes ont de
tout temps attachée à l'aération du sol arable, au point
que quelques-uns, Jethro Tull, il y a cent cinquante
ans, et aujourd'hui encore le révérend Samuel Smith,
ont pu proposer de cultiver certains sols sans jamais y
mettre d'engrais, et par des ameublissements et des
retournements destinés à absorber l'air. Ainsi que l'a
remarqué M. Girardin, actuellement doyen de la faculté
des sciences de Lille, mais qui a rendu tant de ser-

vices à la Normandie industrielle et agricole qu'on a pris l'habitude de l'appeler M. Girardin de Rouen, la théorie scientifique des labours repose, non pas seulement sur la nécessité de rendre le sol plus perméable aux racines, non pas seulement non plus sur la désagrégation et sur le mélange intime de tous les matériaux organiques ou minéraux du sol, mais encore et surtout sur la nécessité de mettre toutes les parties de la couche arable en contact avec l'air atmosphérique.

On a pendant longtemps attribué à l'aération du sol des actions mystérieuses; on a dit que l'atmosphère apportait aux plantes toute leur nourriture; il est permis aujourd'hui d'être plus précis et plus vrai; c'est la combinaison des éléments de l'atmosphère et du sol qui produit les matériaux utiles à l'alimentation végétale. Ainsi il est établi par les analyses de MM. Boussingault et Lévy que l'oxygène de l'air, s'unissant au carbone du sol, fournit de l'acide carbonique; il est établi par nos recherches, poursuivies en Angleterre par M. Thomas Way, que l'oxygène de l'air, en s'unissant aux matières azotées et ammoniacales, donne naissance à des nitrates, et cela, en proportion d'autant plus grande que le sol est plus richement fumé; car des eaux de drainage, provenant de sols non fumés, ne renfermaient que de 2 à 16 milligrammes d'acide nitrique par litre seulement, tandis que l'acide nitrique s'est élevé à 77 milligrammes dans une eau provenant d'un terrain qui avait reçu du fumier de ferme, et à 210 milligrammes dans de l'eau écoulée des drains d'une terre où l'on avait semé par hectare 650 kilogrammes de guano, cet engrais si riche en acide urique et en ammoniaque. En même temps, les terres soumises à un drainage, c'est-à-dire à une nitrification énergique, étaient devenues d'une fécondité double ou triple des mêmes terres également fumées par les mêmes engrais, dans les mêmes proportions, mais non exposées, en vertu du drainage, à l'action bienfaisante de l'oxygène de l'atmosphère.

Ainsi l'importance de l'oxygène de l'air pour la végétation consiste, non-seulement dans une action directe sur les racines des plantes, mais encore dans la préparation des aliments qui conviennent aux végétaux par une action indirecte exercée sur les substances minérales et organiques du sol arable. Ces influences favorables de l'oxygène se produisent-elles alors que ce gaz est dans cet état particulier sur lequel M. Schœnbein a vivement appelé l'attention des savants et que l'on caractérise par le mot d'ozone? Est-ce à l'état de dissolution dans l'eau que l'oxygène agit? Ou bien la porosité de la terre permet-elle, en condensant les gaz, des réactions de contact particulières? Enfin l'humus du sol n'intervient-il pas dans le phénomène, comme le pensent tant d'agriculteurs? Peut-être toutes ces causes ont-elles leur part dans cette grande harmonie de la nature qui a voulu que les aliments des plantes fussent préparés sur tous les sols où une semence viendrait à tomber, pour que la Terre prît en tous lieux son vêtement de verdure et ne fût jamais inhospitalière à la vie? Quoi qu'il en soit, l'agriculture a découvert depuis longtemps les moyens de rendre plus rapide et plus énergique l'absorption de l'oxygène de l'air. C'est le labour, c'est l'ameublissement du sol richement fumé qui fait les abondantes récoltes; et quand la terre a acquis sa plus grande fertilité, qu'elle s'est transformée en terreau, il y naît toujours des nitrates, comme l'ont démontré les belles recherches de M. Boussingault, sur le terreau du Liebfrauenberg.

S'il n'y a aucun doute à avoir sur l'intervention

de l'oxygène de l'atmosphère dans les divers phénomènes que présente la végétation, combien les choses
sont différentes en ce qui concerne l'azote. Cependant le
gaz azote existe dans l'air atmosphérique en proportion
bien plus grande que l'oxygène ; il forme à peu près les
quatre cinquièmes du volume total de l'enveloppe vaporeuse de notre planète, et d'un autre côté on le retrouve
dans tous les êtres vivants, animaux et végétaux, et surtout dans les organes et les fluides qui servent à la nutrition et à la reproduction des créatures. Mais les affinités du gaz azote sont faibles ; elles ont besoin, pour être
excitées, de l'intervention active des agents physiques ;
d'un autre côté, l'azote existe dans les poussières de l'atmosphère sous mille formes diverses. Ces remarques
font comprendre qu'on ne puisse pas apercevoir facilement l'intervention de l'azote aérien dans les phénomènes de la végétation. On a cependant prétendu
trancher plusieurs fois la question. Tout le monde se
souvient des expériences communiquées dans ces dernières années à l'Académie des sciences, et au moyen
desquelles on croyait pouvoir démontrer l'absorption
directe du gaz azote par des plantes ayant végété dans
un sol stérile et au sein d'une atmosphère confinée,
mais constamment renouvelée. Il ne nous paraît pas
certain que les corps azotés de l'atmosphère aient été
enlevés à l'air admis dans les appareils dont on faisait
usage, et que l'eau d'arrosage fournie aux plantes ait
été préalablement privée de toute substance azotée. Au
surplus, l'opinion de l'absorption directe de l'azote gazeux semble aujourd'hui abandonnée par ses plus ar-
dents défenseurs, et je n'ai à m'occuper ici que des
faits bien constatés. Or, d'expériences exécutées il y a
plus de vingt ans par M. Boussingault, aussi bien que
des expériences qui ont été entreprises plus récemment,
il résulte deux choses incontestables et incontestées :

1° Quelques plantes cultivées dans un sol absolú-
ment privé d'engrais, mais dans l'atmosphère libre, ont
acquis de très petites quantités d'azote, c'est-à-dire que
dans la plante totale il y a eu un peu plus d'azote que
dans la graine qui lui a donné naissance ;

2° Les plantes ne renferment beaucoup plus d'azote
que les graines d'où elles proviennent, qu'autant
qu'elles se sont développées sur un sol riche en matières azotées facilement décomposables et réductibles
soit en ammoniaque, soit en acide nitrique.

Que conclure de pareils faits, si ce n'est que l'azote
atmosphérique n'est pas une ressource directe et im-
médiate pour la végétation et surtout pour l'agriculture? Néanmoins il est vrai que pendant la jachère il se
fait une accumulation d'azote dans le sol. Cela ne peut
pas être mis en doute, puisque, par exemple, dans une
expérience faite par M. Boussingault, un vase en poterie
poreuse pesant 400 grammes, bien lavé et bien calciné
préalablement, a fixé, en quelques semaines, par le fait
simple de son abandon à l'air, environ 2 centigrammes
d'azote, en partie à l'état d'ammoniaque, en partie à
l'état d'acide nitrique, en partie aussi sous un état non
déterminé. D'ailleurs les recherches directes effectuées
sur l'air par MM. Gräger, Kemp, Fresenius et d'autres
encore, ont montré qu'il existe de l'ammoniaque dans
l'atmosphère, en quantité très-petite, il est vrai, mais
enfin en quantité pondérable. En outre toute buée
aqueuse qui vient à se déposer sur un corps terrestre
contient des nitrates. Enfin chaque fois qu'une étincelle
électrique, qu'un éclair sillonne les airs, il se fait
du nitrate d'ammoniaque, selon les expériences ingé-
nieuses de Cavendish. Tous ces composés azotés atmosphériques en obéissant à l'inexorable pesanteur
tombent à terre. On voit donc que le sol arable peut
lentement s'enrichir de matières azotées, et tout l'a-

zote engagé sous des formes si variées dans tous les végétaux vivants ou fossiles, aussi bien que dans tous les animaux qui peuplent notre planète, peut même provenir originairement et exclusivement de l'océan aérien, sans qu'il y ait actuellement assimilation directe de l'azote gazeux par les organes des plantes.

L'azote étant soluble dans l'eau pénètre dans cet état au sein de la terre et il en imbibe tous les pores. Il est possible qu'il se produise, au moyen de l'azote ainsi introduit dans le sol arable, soit de l'ammoniaque, soit de l'acide nitrique, soit même quelque autre corps inconnu jusqu'à ce jour. L'ammoniaque peut naître quand les composés ferrugineux du sol absorbent l'oxygène de l'air, ainsi qu'elle se produit dans de l'eau aérée où se rouille du fer. De l'acide nitrique se forme peut-être partiellement au moyen de l'azote de l'air, lorsque l'oxygène aérien est à l'état qu'on a nommé ozoné, peut-être aussi alors que toutes les circonstances propres à la nitrification se trouvent réunies dans une terre cultivée. On a supposé que pendant les phénomènes de nitrification du sol, que pendant ceux d'oxydation des matières diverses contenues dans une terre aérée, l'azote atmosphérique pourrait en même temps s'oxyder, se nitrifier. On a cherché à faire passer toutes les hypothèses que suggère à l'esprit la contemplation de ce difficile problème dans le domaine des faits démontrés, en ayant recours à diverses expériences dont le principe a consisté à chercher si des matières organiques déjà azotées ou bien complétement dépourvues d'azote, ne rendraient pas plus facile, plus rapide, l'accumulation de l'azote atmosphérique dans le sol ou dans une plante en culture. Les efforts nombreux tentés dans cette voie n'ont pas encore abouti à des résultats tout à fait positifs, et cependant Théodore de Saussure, M. Mulder, d'Utrecht, M. Boüssingault, MM. Lawes et Gilbert, se sont occupés de mener à bien les recherches entreprises.

Ainsi donc l'azote de l'air ne joue qu'un rôle indirect, éloigné, dans les phénomènes de la végétation qui se produisent aujourd'hui sous nos yeux. Il constitue un vaste réservoir, où la nature ne puise qu'avec une prudente mesure que l'homme a été condamné à respecter jusqu'à ce jour, car les efforts de cyanuration directe des alcalis au moyen de l'azote gazeux de l'océan aérien n'ont encore produit que des résultats gros en espérance, sans doute, mais faibles en réalité.

Les choses sont bien différentes pour l'acide carbonique de l'air, quoiqu'il ne constitue qu'une très-petite fraction de la masse totale de l'atmosphère. L'acide carbonique aérien provient de la combustion des milliards de foyers allumés à la surface de la Terre, de la respiration des animaux, de la combustion lente au contact de l'air de toutes les matières carbonées d'origine organique qui sont répandues à la surface de la terre, et surtout des volcans et des réservoirs souterrains où il gît comprimé pour s'échapper par intertervalles à travers les fissures présentées par l'écorce solide de notre globe. Son action directe sur les plantes qui, sous l'influence de la lumière, en gardent le carbone et en dégagent l'oxygène, est une des plus brillantes découvertes de la fin du dix-huitième siècle. Bonnet, Priestley, Scheele, Ingenhousz, Senebier, Perceval, Théodore de Saussure, ont successivement aperçu toutes les circonstances du phénomène et montré que les végétaux grandissent en s'assimilant le carbone brûlé par les animaux, et que chacun, immobile à sa place, améliore l'air si nécessaire à la respiration des êtres qui se meuvent au fond de l'océan atmosphérique.

Les plantes aériennes et les plantes aquatiques se

comportent à cet égard de la même manière, ainsi qu'il résulte des expériences de MM. Cloez et Gratiolet. L'intervention du gaz oxygène, comme l'a découvert Théodore de Saussure, est nécessaire pour que, sous l'influence de la lumière, les parties vertes des plantes exercent leur action décomposante sur l'acide carbonique et que les sucs végétaux se modifient. Lorsque la nuit survient, l'oxygène paraît seul continuer à agir, et il se dégage alors de l'acide carbonique.

L'appareil foliacé des végétaux soutire directement l'acide carbonique gazeux de l'atmosphère, ainsi que l'ont prouvé des expériences décisives de M. Boussingault. Aussi les cultivateurs ont-ils constaté que les vents, en renouvelant les couches gazeuses en contact avec les feuilles, favorisent l'accroissement des plantes qui font plus de progrès dans un air agité que dans un air calme. Cependant l'acide carbonique emprunté au sol par les spongioles des racines est également décomposé par les plantes et joue le rôle que M. Liebig lui attribue trop exclusivement. En effet, des expériences récentes de M. Soubeiran sur l'absorption de l'ulmate d'ammoniaque par les plantes, d'autres expériences, de M. Malaguti et de MM. Verdeil et Eugène Risler confirment cette opinion, de Théodore de Saussure, que « tout le carbone qui entre dans la composition des végétaux ne vient pas de l'acide carbonique de l'air ; que les plantes en tirent aussi du sol sous forme d'humus soluble dans l'eau. » Le rôle important que les cultivateurs attribuent à l'humus soluble des bonnes terres arables n'est donc point contredit par les recherches des chimistes. Probablement les plantes qui aiment la lumière prennent plus de carbone dans l'air que dans le sol ; au contraire, les plantes, en moins grand nombre, qui se plaisent à l'ombre prennent plus de carbone dans le sol que dans l'air.

Si l'acide carbonique de l'air donne du carbone aux plantes, la vapeur d'eau, qui voyage incessamment du sol vers les régions aériennes les plus élevées pour retomber en pluie ou en rosée, leur fournit l'hydrogène qui s'ajoute au carbone pour constituer certains produits très-précieux de la végétation et particulièrement les essences. De l'eau, des engrais, de la chaleur et de la lumière, et tous les miracles d'une végétation luxuriante s'accomplissent. La quantité d'eau qui, du sol passe à travers l'organisme du végétal pour être évaporée par les feuilles, d'après les expériences de Hales, de M. Boussingault, de MM. Lawes et Gilbert, est vraiment énorme. Un hectare de choux, en vingt-quatre heures, n'évapore pas moins de vingt-quatre mètres cubes d'eau ; d'autres plantes sont moins avides d'humidité ; ainsi un hectare de houblon évapore environ trois mètres cubes d'eau. La saturation de l'air influe certainement sur l'activité de l'évaporation et par suite sur l'ensemble de la végétation. L'ascension de la séve, véritable phénomène mécanique fondé sur la capillarité, comme l'a démontré récemment M. Jamin, et non pas sur une action vitale, est rendue plus énergique quand l'air est plus sec, si toutefois les racines trouvent dans le sol des sucs suffisamment abondants ; la végétation est florissante lorsque ces sucs sont riches et convenablement préparés dans la terre par l'oxygène de l'air. On voit donc encore la végétation réagir sur la constitution de l'atmosphère et y entretenir de l'humidité qui est rendue à l'air, en même temps que de l'oxygène dégagé de ses combinaisons avec le carbone.

La très-grande partie de l'eau absorbée par les plantes vient des pluies. Celles-ci n'arrivent à la terre qu'après avoir balayé en quelque sorte, selon l'expression de Bergman, que j'ai plusieurs fois rappelée,

toutes les immondices de l'atmosphère. Tous les matériaux charriés par l'air agité, arrachés au sol ou à
la mer par les vents, produits par le passage de la
foudre à travers les couches gazeuses qui nous en-
veloppent, vomis par les volcans, dégagés des marais,
rendus par mille causes diverses aux couches aériennes, nés même au sein de l'air par la fécondation
de germes ailés, peuvent être ramenés à la Terre par
l'eau pluviale. Rien n'est donc plus naturel que de
chercher si la pluie ne renferme pas quelques-uns des
principes utiles à la végétation. Étudier la pluie, c'est
encore étudier l'atmosphère. Brandes et Zimmermann
commencèrent de 1820 à 1825 des recherches régu-
lières sur les eaux pluviales. Lorsque M. Liebig prit la
direction du laboratoire de Giessen, il poursuivit les
travaux de Zimmermann son prédécesseur. M. Liebig
constata bientôt que les eaux de pluie renferment gé-
néralement de l'ammoniaque, mais il crut pouvoir conclure de ses analyses que l'acide nitrique n'existe que
dans les eaux d'orage, et que les eaux de rivière et de
source n'en contiennent pas. De tels résultats tenaient
au mode d'analyse employé par le savant chimiste alle-
mand; comme il n'étudiait que les résidus de l'évaporation des eaux pluviales, il ne trouvait des nitrates
que lorsqu'ils étaient en quantité notable et qu'ils n'a-
vaient pas été détruits par des réactions antérieures,
lesquelles peuvent se produire au sein même des eaux
recueillies, car la matière organique dissoute dans
l'eau pluviale se brûle par l'oxygène des nitrates qui
l'accompagnent.

En 1848, M. Henri Sainte-Claire-Deville constata la présence des nitrates dans des eaux courantes
et il émit l'opinion que les eaux d'irrigation doivent
probablement aux nitrates leurs bons effets. En 1850
je commençai à recueillir des eaux pluviales à Paris et

dans les campagnes voisines, et je fis connaître dans un travail publié en 1852 que l'ammoniaque et l'acide nitrique se trouvent normalement dans l'eau de pluie en quantités parfaitement dosables et qui correspondent à un apport de plusieurs kilogrammes d'azote par hectare. Toutes les précautions avaient été prises pour qu'il fût bien certain que les résultats n'avaient pu être influencés par les réactifs employés, ou par les udomètres dont on se servait. Du reste, déjà M. Henri Ben Jones avait trouvé, mais sans le doser, de l'acide nitrique dans les eaux pluviales recueillies à Londres, à Kingston, à Melbury et à Clonaketty, en Angleterre; bientôt ensuite M. Bineau dosa d'une manière régulière l'ammoniaque et l'acide nitrique de la pluie tombée à Lyon; M. Thomas Way fit les mêmes expériences dans la Grande-Bretagne; enfin, M. Boussingault constata que la rosée, que l'eau déposée par les brouillards, ainsi que l'eau de pluie elle-même, renferment et de l'ammoniaque et de l'acide nitrique; que c'est là une propriété spéciale de toutes les eaux météoriques, qu'elles soient recueillies au sein des villes, ou bien qu'elles soient tombées dans les campagnes, loin de tous les lieux habités.

M. Boussingault a fait voir que probablement le gisement de l'ammoniaque et de l'acide nitrique atmosphérique se trouve dans les couches aériennes les plus proches de la surface de la Terre, car les premières eaux de pluie que l'on reçoit en sont plus fortement chargées que celles qui tombent plus tard; vers la fin de longues pluies, on n'y rencontre plus que des traces tant d'ammoniaque que d'acide nitrique, ce qui prouve que la pluie trouve ces composés dans les couches aériennes qu'elle traverse pendant sa chute. J'espère pouvoir déterminer toutes les circonstances du phénomène en étudiant les pluies tombées pendant chacune des 24 heures du jour, que recueillera un appareil construit d'après les ordres de M. le directeur de l'Observatoire impérial. Les influences exercées par la direction des vents, par les saisons, par la température extérieure, et par des causes encore inconnues pourront être déterminées, en séparant ainsi les eaux météoriques. Pour cette étude, les procédés de dosage de l'ammoniaque et de l'acide nitrique, imaginés par M. Boussingault, présenteront des avantages précieux à cause de la rapidité d'exécution qu'ils permettent sans nuire à la précision des résultats.

On trouve dans l'eau pluviale une quantité d'ammoniaque qui varie de quelques dixièmes de milligramme à 4 milligrammes par litre; dans l'eau de la rosée, on a trouvé environ 6 milligrammes d'ammoniaque, et dans l'eau des brouillards près de 50 milligrammes par litre. La quantité d'acide nitrique découverte par l'analyse s'élève aussi parfois à quelques milligrammes par litre. Mais ces deux corps, ammoniaque et acide nitrique, ne représentent pas la totalité de l'azote combiné qu'on rencontre dans les eaux météoriques. On y découvre aussi la présence d'une matière organique brune, complexe, azotée, douée d'une odeur spéciale rappelant celle du caramel, ayant la propriété de détruire les nitrates avec lesquels elle est dissoute, fournissant parfois des végétations cryptogamiques ou floconneuses dans la masse d'eau abandonnée dans des flacons bouchés. Brandes, Zimmermann, Hermbstädt, Kruger, Berzélius et M. Boussingault ont, comme nous, constaté dans les eaux pluviales la présence de cette matière organique qui exige qu'on prenne des précautions particulières dans le dosage des nitrates avec lesquels elle est mélangée.

Un grand nombre de sels, notamment des chlorures et des sulfates sodiques, potassiques, magnésiques et calcaires, se trouvent encore dans les eaux pluviales, et fournissent à la végétation quelques-uns des éléments nécessaires à la vie des plantes. Dalton a trouvé en 1822 que de la pluie recueillie aux environs de Manchester, à quelque distance de la mer, renfermait 137 milligrammes de chlorure de sodium par litre. M. Isidore Pierre a trouvé 6 milligrammes de ce sel dans les eaux de pluie recueillies à Caen, et j'en ai constaté 4 milligrammes en moyenne dans les eaux de pluie de Paris. A mesure que les distances à la mer augmentent, la proportion de sel commun diminue; tout porte à penser que les chlorures des eaux pluviales ont été arrachées à la mer par les grands vents qui agitent si souvent l'océan, et ont été ensuite emportés dans les airs. Les pluies salées ont du reste été signalées dans l'antiquité par Pline, et de nos jours, par un grand nombre de voyageurs.

Si l'on admet que le chlorure de sodium, dont la présence dans l'atmosphère ne peut être révoquée en doute, provient de l'océan, il devient très-probable que l'iode et même le brome qui accompagnent le chlore dans les eaux de la mer doivent se retrouver aussi dans les parcelles salines infiniment déliées qui se rencontrent au sein des airs. Seulement les proportions relatives du chlore et de l'iode doivent alors être à peu près les mêmes dans les eaux de pluie et dans les eaux salées des mers. C'est dans ces limites, qui réduisent à de très-petites fractions la quantité d'iode qu'on retrouverait dans l'air, que l'on doit admettre, selon moi, la permanence de l'iode dans l'atmosphère, permanence que M. Chatin a cherché à démontrer par de nombreux travaux, et que quelques chimistes ont vérifiée, tandis qu'elle a été niée par d'autres.

On sait que M. Boussingault a constaté la présence de l'hydrogène carboné dans l'air atmosphérique; ce gaz se dégage des terrains marécageux. Il est très-possible aussi que de l'hydrogène phosphoré se produise pendant la putréfaction souterraine des matières animales. Plusieurs chimistes, parmi lesquels je dois citer M. Girardin, n'hésitent pas à attribuer les mystérieux feux follets, qui ont en tout temps si fortement occupé les imaginations, à l'inflammation d'hydrogène phosphoré atmosphérique spontanément inflammable. S'il en est ainsi, de l'acide phosphorique doit se retrouver dans les eaux pluviales où je le recherche et crois l'avoir mis en évidence.

L'ensemble de toutes les matières dissoutes dans les eaux pluviales tombées en un lieu donné peut être pris, en quelque sorte, selon une idée qui m'a été suggérée par M. Dumas, comme mesure de l'impureté relative de l'atmosphère de ce lieu. D'après mes recherches, l'application de ce principe conduirait à démontrer que l'atmosphère de Paris (quartier de l'Observatoire impérial et du Luxembourg) est trois fois plus impure que l'atmosphère des campagnes voisines (parc de Soulins, à Brunoy).

L'analyse chimique et les instruments d'optique délicats permettent encore de constater dans l'atmosphère la présence d'un grand nombre de matières diverses organisées que l'on appelle des miasmes, quand elles engendrent les fièvres; — que l'on reconnaît être souvent des semences végétales parce qu'elles vont se déposer sur les plantes et y deviennent l'origine du développement néfaste de végétations qui, comme l'oïdium ou le *botrytis infestans*, dévorent les récoltes les plus précieuses, s'attaquent à la vigne et à la pomme de terre; — qui constituent aussi parfois des poisons énergiques soit pour l'homme, soit pour les animaux, et sont cause sans doute de fléaux terribles, du choléra de l'homme, de la gattine des vers à soie. M. Pasteur, dans une très-belle suite de travaux, a montré que ces êtres infiniment petits de l'atmosphère peuvent produire des putréfactions et des fermentations dans une foule de composés. N'est-il pas vrai que de pareils résultats doivent fortement encourager les efforts de ceux qui s'attachent à l'étude de toutes les matières contenues dans l'atmosphère, quelque minime que soit d'ailleurs la proportion de ces substances minérales ou organisées. L'importance de ces corpuscules se mesure non pas à la grandeur de la masse, mais bien à l'énergie de l'action qu'ils exercent sur les animaux ou sur les végétaux.

Lorsqu'on approfondit ainsi l'étude de l'atmosphère, on est frappé de voir que ses deux éléments les plus importants sont l'oxygène qui existe en immense quantité, et les poussières minérales ou organisées que l'on avait trop négligées jusqu'à ce jour à cause de leurs faibles proportions.

L'oxygène atmosphérique, par ses puissantes affinités chimiques, prépare dans le sol et dans l'air les principaux aliments des plantes ; il donne naissance à l'acide carbonique et aux nitrates. L'acide carbonique attaque les roches, dissout les phosphates de l'écorce solide du globe. C'est de l'acide carbonique et des nitrates que proviennent la plus grande partie du carbone et de l'azote fixés par la végétation. Ce rôle considérable joué par les nitrates a été plusieurs fois entrevu. Virgile s'est occupé de l'emploi du nitre en agriculture ; Bacon y est revenu, mais la science restait incertaine ou inattentive à cet égard ; en 1840, MM. Barclay et Pusey montrèrent, par des expériences directes faites en Angleterre, l'efficacité agricole des nitrates ; les expériences de M. Kuhlmann, exécutées en 1844, confir-

mùrent ces premiers résultats ; enfin les expériences
faites en 1855 par M. Boussingault furent décisives, et
aujourd'hui l'importance du rôle des nitrates est affirmé
par l'accord unanime de tous les savants qui s'occupent de recherches agronomiques, sans que l'on songe
toutefois à nier l'efficacité de l'influence exercée par
l'ammoniaque sur la végétation.

Quant aux matières de nature complexe, azotées ou
autres, qui se trouvent en suspension dans l'air, elles
produisent les effets les plus divers : elles expliquent
les résultats de la jachère, qui enrichit lentement le sol
abandonné à lui-même ou profondément remué par de
nombreux labours pour être exposé à toutes les influences de l'air ; elles rendent compte d'une foule de
faits dont on croyait ne jamais pouvoir dévoiler la
cause. Ainsi l'esprit humain éprouve une grande joie :
plus il approfondit, mieux il comprend ; la lumière se
fait à mesure qu'il creuse les problèmes ; la vérité res-
plendit toujours plus belle.

Je m'arrête, Messieurs, quoique je n'aie pu étudier
complétement toutes les parties du sujet que j'étais
appelé à traiter devant vous. Malgré la grandeur des
problèmes que j'ai agités, et à cause de mon insuffi-
sance, il me reste le regret de n'avoir pu adoucir
la déception que nous a fait éprouver l'absence de
M. Dumas.

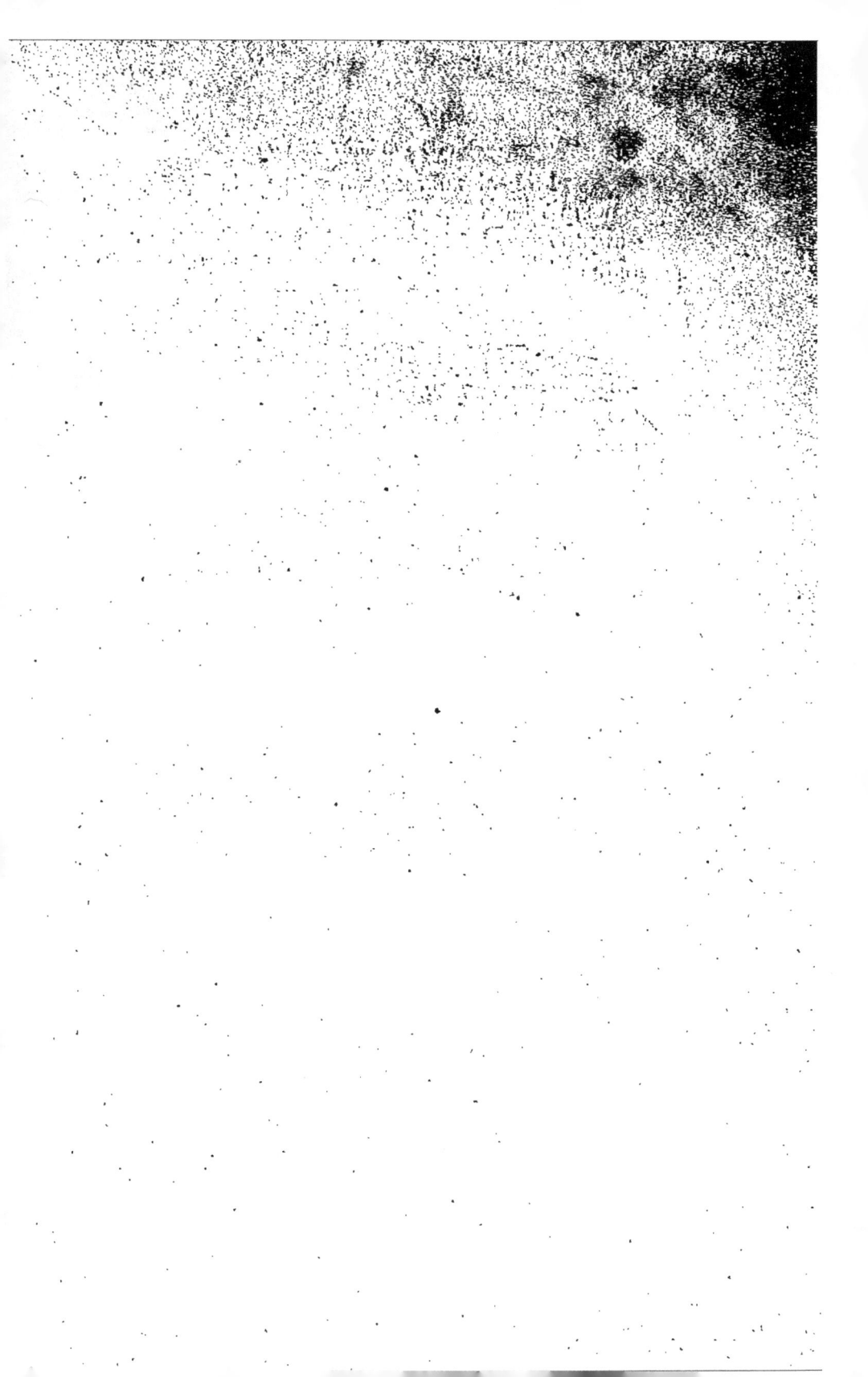

PARIS. — IMPRIMERIE DE CH. LAHURE ET Cie

. Rues de Fleurus 9 , et de l'Ouest, 21